BEI GRIN MACHT SICH IHR WISSEN BEZAHLT

- Wir veröffentlichen Ihre Hausarbeit, Bachelor- und Masterarbeit

- Ihr eigenes eBook und Buch - weltweit in allen wichtigen Shops

- Verdienen Sie an jedem Verkauf

Jetzt bei www.GRIN.com hochladen und kostenlos publizieren

Bibliografische Information der Deutschen Nationalbibliothek:

Die Deutsche Bibliothek verzeichnet diese Publikation in der Deutschen Nationalbibliografie; detaillierte bibliografische Daten sind im Internet über http://dnb.d-nb.de/ abrufbar.

Dieses Werk sowie alle darin enthaltenen einzelnen Beiträge und Abbildungen sind urheberrechtlich geschützt. Jede Verwertung, die nicht ausdrücklich vom Urheberrechtsschutz zugelassen ist, bedarf der vorherigen Zustimmung des Verlages. Das gilt insbesondere für Vervielfältigungen, Bearbeitungen, Übersetzungen, Mikroverfilmungen, Auswertungen durch Datenbanken und für die Einspeicherung und Verarbeitung in elektronische Systeme. Alle Rechte, auch die des auszugsweisen Nachdrucks, der fotomechanischen Wiedergabe (einschließlich Mikrokopie) sowie der Auswertung durch Datenbanken oder ähnliche Einrichtungen, vorbehalten.

Impressum:

Copyright © 1998 GRIN Verlag, Open Publishing GmbH
Druck und Bindung: Books on Demand GmbH, Norderstedt Germany
ISBN: 9783656229841

Dieses Buch bei GRIN:

http://www.grin.com/de/e-book/5783/von-rio-nach-kyoto-klimakonventionen-und-ihre-auswirkungen-auf-globale

Klaus Ludwig Hohn

Von Rio nach Kyoto: Klimakonventionen und ihre Auswirkungen auf globale Klimaprobleme

GRIN Verlag

GRIN - Your knowledge has value

Der GRIN Verlag publiziert seit 1998 wissenschaftliche Arbeiten von Studenten, Hochschullehrern und anderen Akademikern als eBook und gedrucktes Buch. Die Verlagswebsite www.grin.com ist die ideale Plattform zur Veröffentlichung von Hausarbeiten, Abschlussarbeiten, wissenschaftlichen Aufsätzen, Dissertationen und Fachbüchern.

Besuchen Sie uns im Internet:

http://www.grin.com/

http://www.facebook.com/grincom

http://www.twitter.com/grin_com

Dokument Nr. 5783 aus den Wissensarchiven von GRIN.

Kommentare und Fragen zu Vermarktung und
Recherche richten Sie bitte an:

E-Mail: info@grinmail.de
http://www.grin.de

Von Rio nach Kyoto: Klimakonventionen und ihre Auswirkungen auf globale Klimaprobleme

von

Klaus Hohn

Online-Datenbanken:

Katholische Universität Eichstätt
Mathematisch-Geographische Fakultät
Lehrstuhl für Physische Geographie

Hauptseminararbeit mit dem Thema:

"Von Rio nach Kyoto: Klimakonventionen und ihre Auswirkungen auf globale Klimaprobleme"

Verfasser:
Klaus Hohn
Lehramt Gymnasium Deutsch / Erdkunde
6. Fachsemester
Sommersemester 1998

Veranstaltung:
HS: Weltkonferenzen und ihre Bedeutung im Rahmen der Entwicklungs- und Umweltproblematik (VV-Nr.: 5074)

Diese Hauptseminararbeit wurde 2000 zur Staatsexamensarbeit fortgeführt.
Die hier vorliegende Arbeit wurde 2002 leicht überarbeitet und aktualisiert.

Der Verfasser

Inhaltsübersicht

Inhalte
Vorbemerkung
Kapitel 1 Die bedrohte Erdatmosphäre: das globale Klimaproblem
Kapitel 2 Internationale Klimapolitik – ein Konfliktfeld zwischen Ökonomie und Ökologie
1. Wichtige Stationen der internationalen Klimapolitik – eine Übersicht
2. Die Klimarahmenkonvention
2.1. Auf dem Weg zur Klimarahmenkonvention
2.2. Die Klimarahmenkonvention von Rio de Janeiro - vom Entwurf (1992) zum Inkrafttreten (1994)
3. Das Berliner Mandat (1995)
4. Das Protokoll von Kyoto (1997) - Ergebnisse und Wertung
5. Internationale Weltklimakonferenzen – Rückschläge oder progressive Impulse für die Zukunft?
Zusammenfassung / Schlussbemerkung
Literaturverzeichnis und Anhang

Vorbemerkung

"Es gibt nur eine Strategie:
Gemeinsames Handeln im
gemeinsamen Interesse."
(Willy Brandt)

Zu keinem anderen Zeitpunkt machte sich die Menschheit so viele Gedanken über ihre eigene Zukunft wie heute. Die gegenwärtige Diskussion in Politik, Wirtschaft und Gesellschaft dreht sich immer um das Morgen. Die deutsche Bundesregierung schuf beispielsweise das Amt eines Zukunftsministers (Rüttgers), führende Wirtschaftswissenschaftler und Konzernvorstände beraten über die Märkte der Zukunft, vielerorts entstehen Zukunftskommissionen.

Es besteht kein Zweifel, dass die bisherigen vom Menschen induzierten Veränderungen in der Atmosphäre seit Beginn des Industriezeitalters nachhaltige Konsequenzen für die Zukunft des Blauen Planeten mit sich bringen werden. Im 20. Jahrhundert dominierten Kriege und Konflikte - allen voran die beiden Weltkriege, der Vietnamkrieg oder der Nahost-Konflikt - sowie deren Lösung bzw. die damit verbundene Schaffung und Sicherung von Frieden und Freiheit die internationale Politik. Die ersten Umweltprobleme und Umweltkatastrophen als Zeichen des zunehmenden industriellen Wachstums und Wohlstands in den Industrieländern rückten jedoch die Frage nach der Erhaltung der menschlichen Lebenswelt mehr und mehr in den Vordergrund der öffentlichen Diskussion. Nach dem Ende der bipolaren Welt sieht sich die internationale Staatengemeinschaft, deren vorrangige Aufgabe auch in der Bewahrung des Friedens im Atomzeitalter besteht – insbesondere unter dem Hintergrund der Terroranschläge vom 11.09.2001 – , vor einer neuen fundamentalen Herausforderung, die es zu bewältigen gilt: die Gefahr einer weltweiten Klimakatastrophe, die dem Wirkungsgrad einer militärischen Bedrohung gleichgesetzt wird. Beinahe täglich wird man mit den Aspekten oder Auswirkungen des Waldsterbens, Sauren Regens, einem Anstieg des Meeresspiegels, lokal oder regional auftretenden Dürrekatastrophen, immer häufiger auftretender Wetterkapriolen, dem Abbau der stratosphärischen Ozonschicht und dem damit verbundenen «Ozonloch» konfrontiert, welche mittelbar oder unmittelbar im Zusammenhang mit der stetig zunehmenden Aufheizung der Erdatmosphäre stehen. Die Indizien häufen sich, dass der Klimawandel bereits begonnen hat. Die Häufigkeit und Stärke von Unwetterkatastrophen - in Form von Überschwemmungen, Wirbelstürmen oder Hitze- und Dürreperioden - nehmen weltweit zu. Der maßlose Raubbau an der Natur zeigt bereits ohne Zweifel ernstzunehmende Auswirkungen und führt bereits deutlich vor Augen, dass das komplexe Ökosystem Erde auf externe Störungen sehr empfindlich reagiert. Der immense Verbrauch an Energie und die kontinuierliche Ausbeutung sämtlicher terrestrisch wie marin vorkommenden Ressourcen, die Abholzung großer Waldflächenareale, die Mechanisierung und Industrialisierung der Agrarwirtschaft und letztlich der Anspruch auf scheinbar grenzenlose Mobilität menschlicher Individuen in einer motorisierten und technisierten Industriegesellschaft können nicht spurlos am Planeten Erde vorüber gehen. Das Ausmaß der Folgen industrieller Zerstörung wird sich erst zeitversetzt zeigen, da das Klimasystem, wie verschiedene Klimamodelle[1] vorexercieren, vermutlich erst Jahrzehnte später auf antropogen bedingte Veränderungen ansprechen und reagieren wird. Um die Erde vor weiteren gravierenden und nicht abzusehenden Folgen zu bewahren und sie für künftige Generationen auch noch lebenswert-bewohnbar zu erhalten, ist in den Industrie- wie Entwicklungsländern ein radikales Umdenken und politischverantwortliches Handeln notwendig.

Im Mittelpunkt dieser Abhandlung steht die Klimapolitik als ein Problemfeld internationaler Beziehungen, wobei internationale Klimapolitik und die Klimaaußenpolitik einzelner Staaten wiederum das Ergebnis innenpolitischer Interessenskonflikte zwischen Ökologie und Ökonomie repräsentieren. Die Analyse der Entstehungshintergründe, des Verlaufs, der Ergebnisse und davon ausgehende mögliche Folgewirkungen, Impulse oder Aktionen der bisher stattgefundenen Weltklimakonferenzen - der Schwerpunkt einer detaillierten Untersuchung wird hier auf den Konferenzen Rio de Janeiro (1992), Berlin (1995) und Kyoto (1997) liegen - erfordert ein interdisziplinäres Heranziehen verschiedener Teildisziplinen und deren spezielle Arbeits- und Analysemethoden. Im wesentlichen seien dies die Disziplinen der internationalen Beziehungen, der Politikfeldforschung, der Verwaltungswissenschaft und der Klimatologie aber auch der Chemie und Physik.

Das erste Kapitel behandelt im Überblick die wichtigsten chemisch und physikalisch relevanten Phänomene, die im Zusammenhang mit dem Treibhauseffekt stehen. Eine kurze Einführung in diese Materie erscheint unablässlich, da nur so die Dringlichkeit eines nachhaltigen Handelns im internationalen Gefüge verdeutlicht werden kann. Zur weiteren Veranschaulichung und Vertiefung dient der Anhang. Das zweite Kapitel, in dem das komplexe Wirkungsgefüge der internationalen Klimapolitik unter verschiedenen Aspekten beleuchtet wird, bildet den eigent-

---

[1] Vgl. hierzu *Flohn* (1990): 11-41 und *Graßl/Klingholz* (1990): 114-165

lichen Kernpunkt dieser Ausführungen.

Aufgrund der vorgegebenen Umfangsbeschränkung im Rahmen dieser Arbeit muss allerdings vorausgeschickt werden, dass bei der Dimension dieses Themas viele Teilaspekte wirklich nur peripher angesprochen oder diskutiert werden können und somit manches oberflächlich erscheint.

Der Verfasser verweist auf seine Staatsexamensarbeit unter ähnlichem Titel (bei www.hausarbeiten.de / www.diplomarbeiten.de einsehbar).

Im Zentrum dieser Arbeit steht nach einem einführenden Überblick über die Entwicklung der internationalen Klimapolitik der Weg von der Idee bis zur Ausgestaltung und praktischen Umsetzung einer Klimarahmenkonvention mit damit verbundenen diversen Problembereichen.

Kapitel 1

Die bedrohte Erdatmospäre - das globale Klimaproblem

Bei der Erdatmosphäre handelt es sich um den etwa 1000 Kilometer zur Exosphäre reichenden räumlichen Gürtel um den Planeten Erde, der nicht nur den Lebensraum des Menschen, die Antroposphäre einschließlich Biosphäre umfasst, sondern vielmehr auch um den Ort, wo sich die Wetter- und Klimaprozesse abspielen. Sie setzt sich aus einem Gemisch unterschiedlich hoch konzentrierter Gase - vergleiche hierzu Tabelle 1 - , Wasser in flüssigem, festem oder gasförmigem Aggregatzustand und verschiedenen Aerosolen zusammen.

Gas und chemische Formel	Volumenanteil in der Atmosphäre
N_2 (Stickstoff)	78,084 %
O_2 (Sauerstoff)	20,946 %
Ar (Argon)	0,934 %
CO_2 (Kohlendioxid)	0,036 %
Ne (Neon)	0,00182 %
He (Helium)	0,00052 %
CH_4 (Methan)	0,00017 %
Kr (Krypton)	0,00011 %
H_2 (Wasserstoff)	0,000056 %
N_2O (Distickstoffoxid)	0,000031 %
Xe (Xenon)	0,000009 %
CO (Kohlendioxid)	0,0000005 - 0,0000200 %
O_3 (Ozon)	0,0000015 - 0,0000050 %
NO_X (Stickoxide)	0,05 - 5 ppb
FCKW (Fluorchlorkohlenwasserstoffe)	0,25 - 0,45 ppb

Tabelle 1: Zusammensetzung trockener und aerosolfreier Luft in Bodennähe (verändert nach *Brauch*, 1997: S.4)

Maßeinheiten: $\% = 10^{-2}$, $ppb = 10^{-9}$

Die Atmosphäre besteht also über 99 Prozent aus molekularem Sauerstoff, Kohlenstoff und dem Edelgas Argon. Darüber hinaus gibt es zahlreiche Spurengase, die zwar einen verhältnismäßig geringen Volumenanteil aufweisen, jedoch von größter Bedeutung für chemische Prozesse sind. Einige bestimmte davon zeigen sich besonders klimawirksam verantwortlich, nämlich "daß diese Gase die Sonneneinstrahlung weitgehend ungehindert zur Erdoberfläche hindurchlassen, jedoch die Wärmeabstrahlung der Erde [...] durch Absorption dieser Strahlung [...] verringern [...] . Nehmen solche Gase in ihrer atmosphärischen Konzentration zu, so muß es in der unteren Atmosphäre wärmer, in der oberen (Stratosphäre) - wegen des verringerten Wärmetransports nach oben - kälter werden." (*Brauch*, 1996: 15).

Wie in einem Treibhaus kann durch dieses lebenserhaltende System die Sonneneinstrahlung nahezu ungehindert nach unten passieren, während ein Teil der Wärmerückstrahlung abgehalten wird. So erwärmt sich die Temperatur an der Erdoberfläche auf heute etwa 15° C. Ohne diesen natürlichen Treibhauseffekt würde die bodennahe Weltmitteltemperatur auf -18° C absinken. Durch diesen Mechanismus ist letztlich Leben auf der Erde möglich geworden, und sie unterscheidet sich so von anderen Nachbarplaneten. Seit die Industriezivilisation jedoch begonnen hat, durch industrielle Prozesse oder veränderte Landnutzungsformen, großflächiges Roden bzw. Niederbrennen von Waldflächen, Verfeuern fossiler Energieträger - insbesondere Kohle, Erdgas und Erdöl - die atmosphärischen Konzentrationen der natürlich vorkommenden Spurengase zu erhöhen und durch Hinzufügen neu geschaffener chemischer Substanzen wie Fluorchlorkohlenwasserstoffe und Halone diese zu verändern, muss man zwischen dem natürlichen und antropogen bedingten und verstärkten Treibhauseffekt differenzieren. Erst 90 Jahre nach der Thesenformulierung durch den schwedischen Chemiker Svante Arrhenius wurde der Zusammenhang zwischen CO_2-Konzentration in der Erdatmosphäre und der Erwärmung Erdtemperatur wissenschaftlich erhärtet und die Notwendigkeit global und effektiv zu handeln erkannt.

Schon im "Jahre 1827 hatte der französische Physiker [...] Jean-Baptiste-Joseph Fourier erstmals die Analogie vom Wärmeverhalten in einem Treibhaus benutzt. Die Theorie, dieser Effekt könne durch einen Anstieg der atmosphärischen Konzentration von Kohlendioxid (CO_2) verstärkt werden, präsentierte 1896 der schwedische Chemiker Svante Arrhenius. Er schätzte, daß die Temperatur der Erde um 4 bis 6 Grad Celsius ansteigen werde, wenn die atmosphärische CO_2-Konzentration sich verdopple. [...] Die Vorstellung, der Mensch könne etwas so Großartiges wie das Klimageschehen durch sein Wirken beeinflussen, lag außerhalb der Vorstellungskraft der damaligen Zeitgenossen." Seine Erkenntnisse blieben ungehört. "Auch die Arbeiten des englischen Wissenschaftlers G.D. Callendar in den späten 30er Jahren, der die These von Arrhenius stützte, stießen auf Desinteresse oder Skepsis. Eine Ausnahme hiervon bildete Hermann Flohn." (*Loske*, 1996: 34)

Die im Anhang beigefügte Graphik (M1) zu den prognostizierten Temperaturänderungen wurde 1991 mit einem "gekoppelten Ozean-Atmosphären-Klimamodell" (*Deutscher Bundestag, Enquete-Kommission,* 1994: 104) am Max-Planck-Institut erstellt, das mit den Daten für die Szenarien A («business as usual», d.h. keine Maßnahmen zur Emissionsbegrenzung) und D («draconic measures», d.h. einschneidende Begrenzung der Treibhausgasemissionen) des IPCC ergänzt wurde. Sie zeigt, dass sich die Temperatur der Erde in jedem Fall - regional differenziert - erhöhen wird (zitiert nach *Deutscher Bundestag, Enquete-Kommission* 1994: 103-109). Der "Atmosphärenkrieg", wie "der amerikanische Klimaforscher Stephen Schneider das wachsende Ausmaß der Schädigungen, das die Menschheit des Industriezeitalters der Lufthülle unserer Erde zufügt" (*Hennicke/Müller,* 1989: 24) bezeichnet, hat Ende der 1970er und während der 1980er Jahre erste Anzeichen einer in noch nicht abzusehenden Dimension Wirksamkeit aufkommen lassen: Waldsterben, Ozonloch und Treibhauseffekt. Als gesicherte Erkenntnis gilt heute,

- dass sich die Regionen der Erde unterschiedlich, jedoch am stärksten polwärts erwärmen werden.
- dass die Temperatur der Erde um etwa 30 Jahre zeitverzögert in Abhängigkeit der Treibhausgaskonzentration steigen wird.
- dass eine Verdopplung der äquivalenten CO_2-Konzentration gegenüber dem vorindustriellen Wert die globale mittlere Temperatur um 1,0 bis 3,5° C erhöhen wird (siehe hierzu Graphik M2 im Anhang).
- dass der prognostizierte Temperaturanstieg gravierende Folgen mit sich ziehen wird. Als Beispiele seien nur einige Bereiche stichwortartig genannt: Zusammenbruch von Ökosystemen, Veränderung der Niederschlagsmengen, Zunahme von Stürmen, Sturmfluten, Wetterextrema, Anstieg der Weltmeeresspiegel, Verschiebung der Agrarzonen. Ausführlich sind mögliche Auswirkungen eines Temperaturanstiegs bei *Flohn* (1990) S.13-17, *Graßl/Klingholz* (1990) S.166-210 und *Deutscher Bundestag, Enquete-Kommission* (1994) S. 94-136 dargestellt.

Wie bereits an mehrfach angedeutet, sind menschliche Aktivitäten, welche zur Emission klimawirksamer Gase führen, maßgeblich für den Treibhauseffekt verantwortlich. In der im Anhang sich befindlichen Tabelle 3 sind die wesentlichen atmosphärischen Spurengase tabellarisch zusammengefasst. Außerdem kann dort eine Kurzbeschreibung der wichtigsten klimawirksamen Treibhausgase nachgelesen werden.

Kapitel 2

Internationale Klimapolitik - ein Konfliktfeld zwischen Ökonomie und Ökologie

1. Stationen der internationalen Klimapolitik – eine Übersicht

1974	Die US-Wissenschaftler Rowland und Molina weisen erstmals auf eine Gefährdung der Ozonschicht hin und vermuten in den FCKW die Ursache dafür.
April 1977	Erste internationale Konferenz in Washington über die FCKW-Problematik
Februar 1979	Erste Weltkonferenz in Genf diskutiert die drohenden Klimaveränderungen
Oktober 1985	Klimakonferenz in Villach
September 1987	Unterzeichnung des Protokolls von Montreal zur Reduzierung von fünf FCKW und drei Halonen
1987	Klimaworkshops in Villach und Bellagio tragen erheblich zur Fundierung der Klimadebatte bei
Juni 1988	Toronto-Konferenz über Klimaveränderungen und globale Sicherheit fordert zum erstenmal ein Reduktionsziel der CO_2-Emissionen weltweit bis 2005
November 1988	Gründung des zwischenstaatlichen Klimaexpertengremiums IPCC aufgrund der Entschließung 43/53 der UN-Vollversammlung unter der Schirmherrschaft des UN-Umweltprogramms UNEP und der UN-Meteorologieorganisation WMO
August 1990	Erster Wissenschaftlicher Bericht des IPCC belegt den hohen Konsens in der Wissenschaft über Klimaveränderungen und den anthropogenen Treibhauseffekt
November 1990	Zweite Weltklimakonferenz in Genf bestätigt den IPCC-Bericht und ruft zu Verhandlungen über eine Klimakonvention auf.
Dezember 1990	UN-Vollversammlung setzt das Zwischenstaatliche Verhandlungsgremium INC über eine Klimarahmenkonvention (KRK) ein.
Februar 1991	Beginn der Verhandlungen über eine KRK in New York

Mai 1992	Schlussverhandlung der KRK in New York
Juni 1992	IPCC-Supplement-Bericht bestätigt wissenschaftlichen Sachstand und präsentiert Szenarien der Klimastabilisierung
Juni 1992	KRK liegt auf der UN-Konferenz über Umwelt und Entwicklung (UNCED) zur Unterzeichnung aus
September 1992	Unmittelbare Weiterverhandlung der KRK und Vorbereitung der ersten Vertragsparteienkonferenz in Berlin
März 1994	Inkrafttreten der Klimarahmenkonvention
November 1994	Sonderbericht des IPCC zum Sachstand der Klimaforschung
März/April 1995	Erste Vertragsparteienkonferenz: Klimakonferenz der Vereinten Nationen in Berlin
Dezember 1995	IPCC legt den zweiten Bericht über Klimaänderungen, deren Auswirkungen und politisch-ökonomische Strategien einer nachhaltigen Prävention vor
Juli 1996	Zweite Konferenz der Vertragsparteien der KRK spricht in ihrer Abschlusserklärung von der Notwendigkeit, dem zu verabschiedenden Protokoll rechtlich verbindlichen Charakter zu geben. Es solle zu signifikanten Emissionsminderungen führen.
August 1997	Treffen von Vertretern aus allen Ländern der Vereinten Nationen zum Thema «Weltweiter Klimaschutz» in Deutschland (Bonn)
Dezember 1997	Dritte Vertragsstaatenkonferenz der KRK in Japan (Kyoto).
November 1998	geplante vierte Konferenz der Vertragsparteien der KRK in Argentinien (Buenos Aires)

Quelle: eigene Zusammenstellung, zitiert und verändert nach *Loske* (1996: 255) und *Hennicke/Müller* (1989: 55-56)

Die bisherige internationale Klimapolitik lässt sich, wie durch die vorangegangene Darstellung zu sehen ist, in verschiedene Phasen mit unterschiedlichen Ergebnissen und Zielsetzungen unterteilen:

I. Phase: "Vom Sauren Regen über das Ozonloch zur Klimakonvention"
1. **1975-1979**: Forschung und Wissenschaft registriert erste Klimaveränderungen
2. **1979-1988**: Zusammenstellung der Sachfragen und erste Vorschläge zum Klimaschutz
3. **1988-1990**: Vorbereitung einer Klimakonvention
4. **1990-1992**: Ausarbeitung der Klimarahmenkonvention

II. Phase: "Von der Theorie zur Praxis: die Runde der zähen Verhandlungen
1. **1992-1995**: Ausgestaltung und Entwurf der Umsetzungsmodalitäten - der Weg zur ersten Vertragsstaatenkonferenz in Berlin
2. **1995-1997**: Ergebnisse und Konsequenzen des Berliner Mandats - der Weg zur zweiten Vertragsstaatenkonferenz in Kyoto
3. **1997-1998**: Ergebnisse und Konsequenzen der Klimakonferenz in Kyoto - der Weg zur dritten Vertragsstaatenkonferenz in Buenos Aires

2. Die Klimarahmenkonvention (KRK)
2.1. Auf dem Weg zur Klimarahmenkonvention

Sebastian Oberthür definiert in seinem Aufsatz "Die internationale Zusammenarbeit zum Schutz des Weltklimas" (1992) die Atmosphäre als eines der wenigen Güter, auf das die Beschreibung Gemeinschaftsgut («global commons») zutrifft. "Der antropogene Treibhauseffekt kann als eine Problematik globaler Gemeinschaftsgüter [...] bezeichnet werden." (*Oberthür*, 1992: 11). Solche Güter sind ihrer Definition nach durch ihre Eigenschaft, daß sie nicht an bestimmte Eigentümer aufgeteilt werden können und demnach auch niemand deren Gebrauch verwehrt werden kann (vgl. auch *Oberthür*, 1992: 9-20), gekennzeichnet. Doch dieses Gemeinschaftsgut ist in ein «commons` dilemma» geraten. Reinhold Epis führt in diesem Zusammenhang eine sehr treffende Metapher an, die hier wie folgt zitiert sei:

"Wenn alle Bauern ihre Kühe auf der Allmende weiden lassen, müssen sie sich über den Umfang der Nutzung, über die Zahl der Kühe, vertraglich einigen [...] sonst zerstören sie die Wiese durch Überweidung." (E+Z, 1997,8: 187).

Deshalb ist angesichts der globalen Dimension kein einzelner Staat oder auch keine Staatengruppe in der Lage, den antropogenen Treibhauseffekt alleine zu bekämpfen. Aufgrund dessen sind gemeinsame politische Zielvereinbarungen, institutionelle und organisatorische Veränderungen sowie rasches Agieren im internationalen Staatengefüge dringend erforderlich. Wie aus der tabellarischen Übersicht hervorgeht, gab es bereits in den 1970er und frühen 1980er Jahren erste internationale Treffen und Konferenzen, die sich mit klimaökologischen Fragestellungen beschäftigten, wobei jedoch spezifische Themen wie z.B. FCKW (Washington, 1977) für sich besprochen wurden. Der global-weitsichtige und interdiszipinäre Ansatz fehlte jedoch. Dies zeigt auch die erste Weltklimakonferenz, die 1979 in Genf stattfand. Bei dieser wurde hauptsächlich der wissenschaftliche Sachstand der Klimaforschung referiert und diskutiert. Konkrete umsetzbare Vorschläge für einen effektiven präventiven Klimaschutz wurden erstmalig auf Arbeitstagungen in Villach (1985) und Bellagio (1987) vorgestellt. "Die Ergebnisse dieser Arbeitstreffen haben Eingang in den 1987 veröffentlichten Bericht «Unsere Gemeinsame Zukunft» der Weltkommission für Umwelt und Entwicklung (Brundtland-Kommission) gefunden. Dort wird [...] vorgeschlagen, eine internationale Politik zur Reduzierung klimaverändernder Spurengase einzuleiten und Strategien zur Begrenzung von Klimaschäden zu entwickeln. [...] Zwar enthält der Kommissionsbericht keine Aussagen dazu, in welchem Ausmaß, in welchem Zeitraum und von wem Emissionen reduziert werden sollen; mit der expliziten Formulierung von Handlungsbedarf und der besonderen Betonung der Industriestaatenverantwortung ist gleichwohl ein erheblicher Schritt zur politischen Bearbeitung des Klimaproblems [...] getan worden. Eine Konkretisierung erfuhr die internationale Klimapolitik durch die von der kanadischen Regierung organisierte und als «Follow up» zum Brundtlandt-Report angelegte «Weltkonferenz über Klimaveränderungen und deren Implikationen für die globale Sicherheit» im Juni 1988 [in Toronto] . Im Abschlussdokument finden sich [...] die folgenden Forderungen:

- Reduzierung der Emissionen von CO_2 und anderen Spurengasen global um mehr als 50% bis 2050;
- Verringerung der CO_2-Emissionen global um 20% bis 2005 (gegenüber 1988);
- Steigerung der Energieproduktivität um 10% bis 2005;
- Kennzeichnungspflicht für klimaschädigende Produkte und Substanzen;
- Einrichtung eines Klimafonds;
- Rahmenvereinbarung zum Schutz der Erdatmosphäre und Anhang von Protokollen zur Regelung einzelner Aspekte der Klimapolitik;" (*Loske*, 1996: 242)

Die letzte These kann als Grundbaustein für die Klimarahmenkonvention (KRK) interpretiert werden. Einen weiteren bedeutenden Meilenstein dorthin stellt die im Herbst 1988 unter Beteiligung der WMO, der Weltorganisation für Meteorologie, und des UNEP, dem UN-Umweltprogramm gegründete IPCC, dem zwischenstaatlichen Gremium über Klimaveränderungen (Intergovernmental Panel on Climate Change) dar. Eine IPCC-Arbeitsgruppe erarbeitete für die zweite Weltklimakonferenz im Dezember 1990 ein "Elementepapier zur Ausgestaltung einer Klimakonvention" (*Loske*, 1996: 243), das folgende klimapolitisch bedeutsame Forderungen enthält:

- "Zielsetzung der Politik solle eine Stabilisierung der CO_2-Konzentrationen bei maximal 50% über dem vorindustriellen Niveau sein, was einem Wert von etwa 420 ppm gleichkommt [...].
- Bis zum Jahr 2005 sein in den Industriestaaten eine Reduzierung der CO_2-Emissionen um 20% technisch und wirtschaftlich möglich.
- In den Entwicklungsländern solle eine Entwicklungsstrategie verfolgt werden, die die zerstörerische Phase in der Industrialisierung überspringe [...]."

(*Loske*,1996: 244-245)

Als das wichtigste Ergebnis der Weltklimakonferenz von Genf (1990) ist der Aufruf seitens der internationalen Staatengemeinschaft bald über eine Klimarahmenkonvention zu verhandeln und entsprechend auszugestalten, zu nennen. Der vielleicht bedeutendste Aspekt, die Festlegung über einen temporär und quantitativ verbindlichen Reduktionsplan der Treibhausgase mit einer vorgeschriebenen Senkungsrate blieb jedoch unerreicht. Damit war zunächst offensichtlich, dass es bis zur UNCED-Konferenz in Rio (1992) allenfalls zum Entwurf einer Rahmenkonvention, nicht aber zu einer vertraglich festgelegten Spurengasminderung kommen würde. Zum einen überlegten Wissenschaftler und Politiker auf der Toronto-Konferenz wirksame Maßnahmen gegen weltweite Klimaveränderungen. "Als erster Schritt, so die Forderung von Toronto, solle der weltweite Ausstoß des wichtigsten Treibhausgases, Kohlendioxid, bis zum Jahr 2005 reduziert werden. Diese Zielvorgabe wurde als «Toronto-Ziel» bekannt und sieben Jahre später in Berlin durch den Vorschlag der Assoziation Kleiner Inselstaaten (AOSIS) für ein CO_2-Protokoll in veränderter Form aufgegriffen." (*Knospe*, 1996: 216)

2.2. Die Klimarahmenkonvention von Rio de Janeiro – Entwurf (1992) und Inkrafttreten (1994)

Der Weg zur Klimarahmenkonvention lässt sich mit dem "internationale[n] Regime zum Schutz der Ozonschicht" (*Oberthür*,1992: 14) vergleichen, welches man zurecht als ein erfolgreiches Beispiel internationaler Umweltkooperation darstellen kann. Dieses besteht aus "zwei völkerrechtlichen Instrumenten, dem

Wiener Übereinkommen zum Schutz der Ozonschicht und dem Montrealer Protokoll über Stoffe, die die Ozonschicht schädigen" (*Oberthür,* 1992: 14). Wie hier besteht auch das "Klimaschutzregime" (*Oberthür,* 1992: 15) aus einer Rahmenkonvention und weiteren ergänzenden Protokollen bzw. Mandaten, welche konkrete Verpflichtungen beinhalten. Typisch analog ist auch der sog. "Stufenansatz (step-by-step-approach)" (*Oberthür,* 1992: 14-15), d.h. eine allmähliche Ausweitung der Vertragsparteien neben einer Verschärfung, Erweiterung bzw. Konkretisierung der Vertragsinhalte bzw. -bestandteile. Einen der Hauptunterschiede zum Wiener Übereinkommen sieht Sebastian Oberthür in den "Verpflichtungen zur Begrenzung von Emissionen" (*Oberthür,* 1992: 15) aufgrund der Tatsache, dass es sich "bei einer Verringerung von Treibhausgasemissionen [um] Schlüsselbereiche modernen Lebens und Wirtschaftens" (Oberthür, 1992: 15) handelt.

Das Ziel der Klimarahmenkonvention der Vereinten Nationen besteht nun darin, eine " *[...] Stabilisierung der Treibhausgaskonzentrationen in der Atmosphäre auf einem Niveau zu erreichen, auf dem eine gefährliche anthropogene Störung des Klimasystems verhindert wird. Ein solches Niveau sollte innerhalb eines Zeitraums erreicht werden, der ausreicht, damit sich die Ökosysteme auf natürliche Weise den Klimaänderungen anpassen können, damit sich die Ökosysteme auf natürliche Weise den Klimaänderungen anpassen können [...]* " (Artikel 2 KRK, zitiert aus *BMU,* 1992: 11).

Dies bedeutet also, dass die angestrebte Stabilisierung der Treibhausgase in einem nicht näher bestimmten und begrenzten Zeitraum erreicht werden soll, welcher den Ökosystemen erlaubt, sich auf natürliche Weise einer (globalen) Klimaveränderung anzupassen, der die Nahrungsmittelproduktion nicht gefährdet und gleichzeitig einen Spielraum zulässt, in dem sich die ökonomische Entwicklung in einer umweltverträglichen und nachhaltigen Weise fortsetzen kann. Da eine Klimaänderung einer gemeinsamen Sorge unterliegt und als ein Problem einzustufen ist, das als globales Problem alle Menschen gleichermaßen betrifft, weist die Klimarahmenkonvention auf die gemeinsame Verantwortlichkeit hin. Den Industrieländern wird dabei die führende Rolle im Kampf gegen den anthropogenen Treibhauseffekt zugeschrieben, dessen Ursachen im `Verursacherprinzip` zu sehen sind. Hans Günther Brauch vertritt die Ansicht, dass die Klimarahmenkonvention ein Ausdruck des Verursacherprinzips (vgl. *Brauch,* 1996: 65) darstellt. Es besteht die Notwendigkeit, nachhaltige Veränderungen zu erzielen, wobei die Industriestaaten als Hauptverursacher der antropogenen Treibhausgase gelten und somit eine Vorreiterrolle zu spielen haben.

Als verbindliche Verpflichtung enthält diese zur Kooperation zwingende Konvention aber nur eine schwammig und mehrdeutig interpretierbare Formulierung, wodurch die Industrieländer ihre Treibhausgasemissionen, insbesondere das CO_2, bis zum Jahr 2000 auf das Niveau von 1990 zurückführen sollen. Den Reformstaaten der Zweiten Welt wird ein Sonderstatus eingeräumt (vgl. Artikel 4.6 KRK), den Entwicklungsländern werden vorerst keine Verbindlichkeiten auferlegt. Zu diesem Zweck sind in der KRK zwei Anlagen beigefügt, wobei die Annex-I-Staaten nur der Reduktionspflicht unterworfen sind, die Annex-II-Staaten dazu zu einem Finanz- und Technologietransfer (vgl. Artikel 12.1 KRK) verpflichtet sind. Letzterer ist durch verschiedene Regelungen zusätzlich zur bereits geleisteten Entwicklungshilfe seitens der Industriestaaten festgeschrieben. Auf diesem Weg sollen Not und Armut ökologisch angepasst beseitigt werden, jedoch so, dass die zerstörerische Phase der Industrialisierung ausgespart wird. Andererseits finden sich in dem Vertragswerk verschiedene organisatorische und institutionelle Regelungen, so beispielsweise die Einrichtung eines Sekretariats mit administrativer Funktion zur Koordination der weiteren Vertragskonferenzen (vgl. Artikel 8 KRK) und verschiedener Nebenorgane (vgl. Artikel 9, 10 KRK). Darüber hinaus wird eine Berichtspflicht über nationale Herkunft und Senken von bzw. für Treibhausgase und Klimaschutzprogramme festgeschrieben (vgl. Artikel 4.1). Diese Pflicht beinhaltet auch die Ausarbeitung regionaler und internationaler Maßnahmen zur Abschwächung der Klimaveränderungen und Bekämpfung antropogener Emissionen sowie die damit verbundene (weitere Er-) Forschung des Klimasystems.

Hauptkritikpunkt der Klima*rahmen*konvention[2] ist das Fehlen von konkreten Minderungspflichten für die Treibhausgase, woran die JUSCANZ-Staatengruppe wesentlich Schuld trägt, da sich die USA sonst geweigert hätten, überhaupt eine Zustimmung zu geben. Die Klimarahmenkonvention ist 1992 in einer «verwässerten» Fassung entworfen worden, sie stellt also lediglich einen Minimalkonsens dar, und 1994 in Kraft getreten. Diese Tatsache ist aber in engem Zusammenhang mit einer Reihe verschiedenster Aspekte, welche die KRK tangiert, zu sehen. Die KRK zeigt die Notwendigkeit einer vertraglich geregelten weltweiten Integration ökologischer und ökonomischer Interessen der Staaten auf. Nur wenn es der Politik gelingt, langfristig einen ökologischen Wandel der Gesellschaften in Verbindung mit einer Ökonomie, die weitgehend ohne fossile Energieträger auskommt, und einer Agrarwirtschaft mit minimaler Emission von Methan und Distickstoffoxiden zu erreichen, können potentielle Folgen einer Klimaänderung verhindert werden. Dass eine solche Integration jedoch sehr schwierig zu gestalten ist, lässt sich aus der Uneinigkeit der Staatengemeinschaft bei der Ausgestaltung der konkreten Reduktionspflichten innerhalb eines festgelegten Zeitplans, "targets and timetables" (*Loske*, 1996: 249), ablesen.

---

[2] Man spricht von einer Klima*rahmen*konvention deshalb, da nur allgemeine Thesen, Fakten und Prinzipien

Die verabschiedete Klimarahmenkonvention liegt weit unterhalb des technischen und ökologisch notwendig Machbarem. Besonders die unverbindlichen Zeit- und Mengenangaben der angestrebten und erforderlichen Spurengasreduktion lässt die Klimakonvention als enttäuschend verblassen. Als einen Fehlschlag darf man die "größte Politikkonferenz aller Zeiten mit mehr als 10.000 Teilnehmern, 173 Delegationen und einem krönenden Abschlusstreffen von 106 Regierungschefs" (*E+Z* 33. 1992,7: S.6) jedoch nicht verurteilen, denn von diesem Umweltgipfel gingen viele Impulse für den weiteren Fortgang der internationalen Klimapolitik aus.

Aufgrund der aus Sicht der progressiven Staaten enttäuschenden Ergebnisse erschienen nun Nachbesserungen und Ergänzungen der Konvention nötig, die bis zum Klimagipfel in Berlin 1995 erarbeitet und dort verabschiedet werden sollten.

3. Das Berliner Mandat (1995)

Im Mittelpunkt der ersten Vertragsstaatenkonferenz stand die Überprüfung und Ergänzung bzw. Verschärfung der bestehenden Pflichten, denen die Annex-I-Staaten seit der Ratifizierung der KRK unterliegen. Maßgeblich an dieser Nachbesserung war die Allianz kleiner Inselstaaten (AOSIS-Gruppe), die kurz vor Ende der in Rio gesetzten Frist (vgl. Artikel 17, KRK) am "28. September [1994] beim zuständigen UN-Sekretariat in Genf den Entwurf für ein Klimaprotokoll eingereicht [hat], in dem die Industriestaaten auf eine Verminderung ihres CO_2-Ausstoßes um 20 Prozent bis zum Jahr 2005 festgelegt werden. Diese 20prozentige Reduzierung des wichtigsten Treibhausgases wird von Wissenschaftlern und Umweltschutzgruppen für unbedingt notwendig angesehen, bisher jedoch nur von wenigen Industriestaaten akzeptiert." (*E+Z* 35. 1994,12: 311) beteiligt. Das Berliner Mandat, welches als das auf der elftägigen Konferenz erarbeitete Kernstück zu betrachten ist und bis zur nächsten Vertragsstaatenkonferenz im Dezember 1997 verbindliche Gültigkeit hat, versucht mit einer "Überprüfung der Angemessenheit von Artikel 4 Absatz 2 (a) und (b) des Übereinkommens, einschließlich Vorschlägen in bezug auf ein Protokoll und Beschlüsse über das weitere Vorgehen" (*Brauch*, 1996: 334) einen Prozess zu induzieren, der nach dem Jahr 2000 ein globales Handeln erwirkt, dass "das Klimasystem zum Wohl heutiger und künftiger Generationen [...] " (*Brauch*, 1996: 334) nachhaltig geschützt werden kann. Man war sich einig, dass die Formulierungen in der Kli-

---

jedoch keine verbindlich vorgeschriebenen Reduktionspflichten verabschiedet wurden.

marahmenkonvention zu vage seien und die Stabilisierung der CO_2-Emissionen bis zum Jahr 2000 auf dem Niveau von 1990 nicht ausreicht, um den Treibhauseffekt effektiv zu bekämpfen. Für den Vorstoß der AOSIS-Staaten zeichnete sich auf der Vorbereitungskonferenz des Berliner Klimagipfels im Februar 1995 in New York jedoch keine Mehrheit ab. Die erdölexportierenden Länder widersetzten sich eindringlich den Vorschlägen zur Einschränkung des Benzinverbrauchs, die USA vertraten die Auffassung, dass für die Industrie staatliche oder freiwillige Anreize für einen ökologischen Wandel, nicht jedoch zwingende Vorschriften der richtige Weg seien. Die Delegierten der Vertragsparteien gingen also mit äußerst unterschiedlichen Positionen auseinander, ein Durchbruch für den internationalen Klimaschutz war also wieder nicht erreicht worden. Statt dessen gibt das UN-Dokument nun drei verschiedene Jahreszahlen an, für welche weitere Verpflichtungen für die Industriestaaten festgelegt werden sollen: "2005, 2010 und 2020" (vgl. II, 2, b; zitiert nach *Brauch*, 1996: 335), wobei festgehalten werden muss, dass das Basisjahr 1990 aus Artikel 4 Absatz 2 b der KRK im Berliner Mandat nun nicht auftaucht, sodass die Reduktionen von einem höheren Emissionsniveau beginnen können, was als äußerst fatal zu bewerten ist. Für die nicht in Annex I aufgeführten Länder, also für die Entwicklungsländer, gibt es keine weiteren Verpflichtungen. Die bereits bestehenden werden bekräftigt und zur beschleunigenden Umsetzung angemahnt. In Berlin kristallisierten sich zwei Positionen innerhalb der Vertragsstaaten heraus:

- Die eine Position vertritt die Auffassung, dass es für das Weltklima unerheblich sei, wo die CO_2-Emissionen reduziert werden. Doch sollten die Klimaschutzmaßnahmen dort durchgeführt werden, wo sie mit dem geringsten (finanziellen) Aufwand realisiert werden können. Als Schwerpunkt der Reduktionsmaßnahmen wird ein höherer Wirkungsgrad von Anlagen, Maschinen und Kraftwerken, insbesondere der Entwicklungsländer und Reformstaaten Mittel- und Osteuropas, angestrebt.

- Demgegenüber steht die Betrachtungsweise, die den Gerechtigkeitsaspekt und die absolute Dringlichkeit des Klimaschutzes in den Vordergrund stellt. Sie geht von den aktuellen Pro-Kopf-Emissionen bzw. den bisher akkumulierten Emissionen aus. Die Spurengassenkungspflicht würde damit hauptsächlich bei den Industrieländern liegen.

Die USA widersetzten sich temporär und quantitativ festgelegten Reduktionspflichten für die Industriestaaten, solange die künftige Emissionsentwicklung der Entwicklungsländer nicht verbindlich reguliert werden. Außerdem sind die USA einer der Hauptverfechter der sog. Joint Implementation[3]. Diese Anrechnungs-

---

[3] Unter der Joint Implementation versteht man das Konzept, dass eine Vertragspartei "sein Emissionsziel nicht nur durch Reduktion im eigenen Land, sondern auch durch die Finanzierung von Vermeidungsaktivitäten in anderen Ländern erfüllen kann. Die in diesen Ländern erzielte Emissionsreduzierung könnte dann entsprechend auf das eigene nationale Emissionsziel angerechnet werden. [...]" (Arbeitskreis Gymnasium und Wirtschaft e.V., 1994: 105).

möglichkeit für an anderer Stelle geleistete Reduktionen stellt die Basis für das in Kyoto entworfene Modell des Emissionszertifikatshandel, das einem «Kuhhandel» gleicht, dar. Aus ökologischer Sicht handelt es sich hier um ein untragbares Instrument, das lediglich auf dem Papier einem Land eine Reduktion bilanziert, obwohl es die Emissionen faktisch erhöht hat.

4. Das Protokoll von Kyoto (1997) – Ergebnisse und Bewertung

Nachdem auf der zweiten Vertragsstaatenkonferenz 1996 in Genf (8. bis 19.7.1996) lediglich festgehalten wurde, dass ein weiteres Protokoll rechtlich bindende Begrenzungsziele beinhalten solle und dadurch signifikante Emissionsminderungen erreicht werden sollen - die Staatengemeinschaft war somit hinter den Stand der Berliner Verhandlungen gefallen, und eine Einigkeit war aufgrund des massiven Widerspruchs von 14 Staaten, v.a. OPEC-Länder, Russland, Australien, Neuseeland und USA in weite Ferne gerückt - , einigten sich die Delegierten von 159 Staaten nach mehreren Nachtsitzungen und zahlreichen Diskussionen verschiedener Modelle unter dem weltweiten Entscheidungsdruck der Öffentlichkeit am 10.12.1997 auf der dritten Konferenz der Vertragsparteien in Kyoto (Japan) auf ein Protokoll, das folgende Kernpunkte enthält:

a) Konkretisierung der Emissionsbeschränkungsziele für die Industrieländer
b) Möglichkeit eines bilateralen Handels mit Treibhausgas-Guthaben, sogenannten Zertifikaten, der in Zukunft Staaten erlaubt, «Verschmutzungsrechte» zu erwerben.
c) Möglichkeit der individuellen oder kollektiven Erfüllung der Verpflichtungen
d) Einbeziehung von Treibhausgassenken
e) Verzicht auf weitere Verpflichtungen für Entwicklungs- und Schwellenländer unter Berufung auf das Berliner Mandat
f) Politiken und Maßnahmen für einen aktiven Klimaschutz
g) Inkrafttreten des Protokolls nach einer Ratifizierung durch mindestens 55 Staaten

Bemerkungen:

zu a):

Die Industriestaaten müssen insgesamt eine Emissionsreduktion klimaschädlicher Gase im Zeitraum von 2008 bis 2012 von 5,2% erreichen, jedoch in unterschiedlichem Ausmaß.

Europäische Union, Bulgarien, Estland, Finnland, Lettland, Litauen, Rumänien, Schweiz, Slowakei, Slowenien, Tschechische Republik	- 8 %
Vereinigte Staaten von Amerika	- 7 %
Japan, Polen, Kanada, Ungarn	- 6%
Kroatien	- 5 %
Russland, Ukraine, Neuseeland	0
Norwegen	+ 1%
Australien	+ 8 %
Island	+10%

Tabelle 2: Ausgewählte Industriestaaten und ihre Reduktionspflichten gegenüber den Werten von 1990, zitiert nach Anlage B des Kyoto-Protokolls (1997)

Wie an anderer Stelle schon erwähnt forderte die AOSIS eine Verringerung der CO_2-Emissionen der Industrieländer um 20% bis zum Jahr 2005 gegenüber den Werten von 1990. Die EU brachte das Ziel der Verringerung der drei Treibhausgase CO_2, CH_4 und N_2O um 7,5% bis 2005 und um 15% bis 2010 in die Diskussion. Das Protokoll von Kyoto beinhaltet neben den bereits genannten Gasen auch noch die teilhalogenierten und perfluorierten Kohlenwasserstoffe und das Schwefelhexafluorid (H-FKW, PFKW und SF_6) , die auf Betreiben der USA hinzugefügt wurden.

Besonders kritisch ist zu bewerten, dass einzelne Industriestaaten - siehe hierzu Tabelle 2 - das ohnehin recht niedrig angesetzte Reduktionsziel sogar noch unterlaufen können und bis zu 10 % ansteigen lassen können. Darüber hinaus ist zu bemängeln, dass die Reduktionsvorschläge der neu hinzugekommenen Klimagase erst auf der nächsten Konferenz thematisiert werden.

Der weltweit größte Treibhausgasemittent, die USA, liegt mit den gegenwärtigen Werten bezüglich der CO_2-Emissionen 23 % über dem Niveau von 1990. Eine Reduzierung um weitere 7 % bedeutet daher eine reale Minderung um 30 %. Aus diesem Grund steht die Mehrheit der Abgeordneten im Kongreß der USA diesem Reduktionsziel ablehnend gegenüber, da für die heimische Wirtschaft große Nachteile befürchtet werden.

zu b):

Das Reduktionsziel eines Staates wird durch eine innerhalb eines Zeitraumes von fünf Jahren einzuhaltende Emissionsmenge definiert. Diese stellt das sogenannte Emissionsbudget eines Landes dar. Aus diesem können während einer Budgetperiode erreichte das Ziel übererfüllende Reduktionen auf spätere Zeitintervalle angerechnet werden.

5,2 % Reduktion liest sich vordergründig wie ein erster minimaler Vorstoß in Richtung präventiv-wirksamer Klimaschutz. De facto handelt es sich aber um eine Farce, da das Kyoto-Protokoll durch ein "Flexibilisierungsinstrument" (*BMU*, 1998: 20) erstmals den Handel mit Emissionsrechten («Trading») erlaubt (vgl. *Artikel 3, Abs.10 und 11 sowie Artikel 12, Kyoto-Protokoll 1997*). Dies bedeutet, dass einzelne Staaten von anderen Vertragsparteien zusätzlich Emissionsreduktionen dazukaufen können. "Der Marktpreis der Emissionsreduktionen bestimmt dann, ob es günstiger ist, Reduktionsmaßnahmen im eigenen Land durchzuführen, oder in anderen Staaten erreichte Emissionsreduktionen zu kaufen, Auf Drängen der EU ist [...] festgelegt, daß ein solcher Handel nur ergänzend zu nationalen Maßnahmen stattfinden darf." (*BMU*, 1998: 20). Eine von der Europäischen Union angestrebte prozentuale Begrenzung der Zielerfüllung durch das Hinzukaufen von Emissionszertifikaten von Staaten in Mittel- und Osteuropa, Russland und der Ukraine, welche durch den ökonomischen Zusammenbruch weit unter dem Plansoll liegen, konnte im Protokoll von Kyoto nicht durchgesetzt werden, muss aber aus ökologischer Sicht auf der nächsten Vertragsstaatenkonferenz erreicht werden. Zu Recht beurteilt der Klimaexperte Wolfgang Lohbeck das Ergebnis von Kyoto als Farce: "Was die Delegierten zustande gebracht haben, ist die glatte Umkehr des Verhandlungsziels. Der unterzeichnete Text ist eine Farce, eine vorsätzliche Täuschung." (*Internet*, 4/1998: http://www.greenpeace.de). Dieser Handel mit Klimagasanteilen führe letztendlich zu einer dem Ablasshandel vergleichbaren untragbaren Situation, da sich die Industrieländer einerseits die Entwicklung und Einführung von Umwelttechnologien für bzw. in Entwicklungsländern anrechnen lassen können. Andererseits besteht für finanzkräftige und ´emissionsstarke´ Industriestaaten die Option, von weniger verschmutzenden Nationen deren Rechte aufzukaufen und somit ihre eigene Bilanz positiv zu korrigieren. So könnten beispielsweise die USA von Russland das Recht auf den Ausstoß von etwa 800 Millionen Tonnen CO_2 aufzukaufen, da Russland zur Zeit etwa um 30 % unter der vertraglichen Treibhausgas-Zielvorgabe liegt. Numerisch könnte durch diesen Handel die Situation entstehen, dass die USA auf dem Papier eine Reduktion vorweisen, faktisch allerdings wesentlich mehr Spurengase

in die Atmosphäre freisetzen.
"Nach Greenpeace-Berechnungen [...] darf [...] höchstens ein Viertel der bekannten Öl-, Gas- und Kohlevorkommen verbrannt werden, um das Klima nicht aus dem Gleichgewicht zu bringen [...]. «Mit diesem Verhandlungsergebnis wird der Klimawandel so weitergehen wie bisher», so Wolfgang Lohbeck." (*Internet*, 4/1998: http://www.greenpeace.de).

Besonders dieser Teilaspekt spiegelt recht deutlich den großen Einfluss von Intereressensgruppen und Lobbyisten wieder. So setzten die amerikanischen Farmer (u.a. die American Farm Bureau Federation) im Oktober 1997 wie verschiedene Automobilkonzerne (z.b. Chrysler) oder Ölkonzerne (z.B. Texaco und Shell) durch Anti-Kyoto-Fernsehspots massiv mit der Begründung unter Druck, dass es im Falle einer Einführung höherer Energiesteuern zu einer wirtschaftlichen Rezession kommen würde, von der insbesondere kleine Farmerbetriebe betroffen wären.

zu c):

Den Industriestaaten wurde die Möglichkeit eingeräumt, die Reduktionsverpflichtungen einzeln oder gemeinsam zu erfüllen. Für die EU-Mitgliedsstaaten ist diese Aufteilung eine wichtige Bestimmung, da sie mit Blick auf ihre rechtliche Verbundenheit und gemeinschaftliche Solidarität die auf die gesamte EU entfallende Reduktionslast durch unterschiedlich dimensionierte Beiträge erfüllen können. So wird manchen Mitgliedsländern ein Emissionsanstieg erlaubt, der durch die erhöhte Reduktionsleistung anderer EU-Staaten - z. B. Bundesrepublik Deutschland - auszugleichen ist. Die bis dato vorläufige EU-interne Lastenverteilung muss nun überprüft und in einer rechtsverbindlichen Form neu festgelegt werden. Dies wird sich als nicht unproblematisch erweisen, da es innerhalb der Gemeinschaft ein Wirtschaftsleistungs-, Finanz- und Bevölkerungszahlengefälle gibt, das es zu berücksichtigen gilt. Außerdem wird sich durch den gemeinsamen Binnenmarkt und die Währungsunion seit 1999 sowie die geplante EU-Erweiterung sicherlich vieles verändern, sodass mit zusätzlichen bürokratischen Mechanismen zu rechnen ist. Außerdem gilt es das Gleichheitsprinzip zu bewahren, nicht dass ein Staat für die Fehlleistungen und Schwächen anderer Staaten überproportional belastet wird.

zu d):

Das Einbeziehen sogenannter Senken, d.h. das Aufrechnen von Emissionen gegen die Bindung von Treibhausgasen, besonders des CO_2 in Wälder, war ein sehr umstrittenes Thema in Kyoto. Die waldreichen, jedoch hohe Emissionsmengen freisetzenden Industriestaaten USA, Neuseeland und Norwegen wollten die Einbeziehung der Senken unbedingt im Protokoll verankert wissen. Die Nettoänderung der Emissionen von Treibhausgasen aus Quellen und des Abbaus solcher Gase durch Senken als Folge vom Menschen verursachter Maßnahmen, die auf Aufforstung , Wiederaufforstung und Entwaldung seit 1990 zurückzuführen sind, können auf die Erfüllung der Reduktionspflichten angerechnet werden.

zu f):

Im Artikel 2 des Kyoto-Protokolls, der wesentlich auf Betreiben der EU, mit der EU assoziierten Ländern und der Schweiz zurückgeht, ist eine Reihe wichtiger Maßnahmen und Politiken zum Klimaschutz verankert. Eine verbindliche Festlegung konnte aufgrund des erheblichen Widerstandes anderer Industrieländer (JUSCANZ- , OPEC-Staaten etc.; vgl. hierzu *Kap. 5 und Zusammenfassung* dieser Arbeit) und Entwicklungsländer nicht erreicht werden. Entsprechend den nationalen Gegebenheiten sollen die Industriestaaten unter anderem die Energieeffizienz in maßgeblichen Bereichen der Volkswirtschaft verbessern, eine vermehrte Nutzung von neuen und erneuerbaren Energieformen und umweltfreundlichen Techniken erzielen, dem Klimaschutz entgegenstehende Steuern, Zollbestimmungen oder Subventionen reduzieren oder abschaffen sowie nachhaltige land- und forstwirtschaftliche Bewirtschaftungsformen fördern. Des Weiteren sollen Emissionen aus Verkehr - Auto-, Schiff- und Flugverkehr -, Abfall und der Energiewirtschaft begrenzt und reduziert werden (vgl. *Artikel 2, Kyoto-Protokoll*, 1997).

allgemein:

Ein weiteres Problem stellt die bisher noch ungelöste Frage nach der Finanzierung der nötigen Änderung der verschiedenen Technologien bis 2008 bzw. 2012. Ferner bleibt festzuhalten, dass die meisten Staaten sich vor immense Herausforderungen gestellt sehen, um die Verpflichtungen einhalten zu können. Die monetäre Angelegenheit scheint generell das Hauptproblem im Klimaschutz zu sein.

5. Klimapolitische Weltkonferenzen – Rückschläge oder progressive Impulse?

Wie aus den bisherigen Ausführungen hervor geht, handelt es sich bei der internationalen Klimapolitik um ein wahres Konfliktfeld, wo ökonomische Interessen einzelner Nationalstaaten, Staatengruppen oder Wirtschaftsorganisationen und ökologische Frage- und Problemstellungen unumgänglich aufeinander stoßen.

In diesem Abschnitt soll die Frage diskutiert werden, warum sich internationaler Klimaschutz als ein so langsam voranschreitender Prozess zeigt und woran es liegen kann, warum konkrete präventive Ergebnisse bisher auf sich warten lassen. Dieser Aspekt der Untersuchung erfordert einen synoptischen Blick auf die nationale wie internationale Wirtschaftspolitik genauso wie das Völkerrecht und den historischen Werdegang des jeweiligen Nationalstaats einschließlich dessen demographischen Entwicklung.

Aufgrund des Anspruchs auf nationale Selbstbestimmung und Entfaltung, ist es leicht zu verstehen, dass Staaten, deren Wirtschaft entweder monostrukturiert auf wenige Sektoren – so wie bei den Erdölförderländern – beschränkt ist oder deren wirtschaftliche Interessen durch eine international starke Lobby - so im Falle der USA - vertreten wird, einer Emissionsreduktion nicht beipflichten wollen bzw. als bremsende Kräfte auftreten. Schließlich wären bei einem sofortigen weltweiten Verzicht auf sämtliche fossilen Energieträger die *OPEC-Staaten* besonders betroffen. Die internationale Staatengemeinschaft spaltet sich bei den bindenden Reduktionszielen also in einen progressiven und einen bremsenden Teil. Sehr deutlich gegen eine konkrete Reduktionsverpflichtung sprechen sich die erdölexportierenden Länder aus, die sogar versuchten, die Ausgestaltung der KRK-Geschäftsordnung zu verhindern. Eine Emissionsverminderung bedeutet einen Minderverbrauch an Erdöl und Erdgas und somit einen zu erwartenden Einkommensverlust für diese Länder. Diese Ressourcen stellen aber wiederum Grundlage des Wohlstands und gesellschaftlichen Lebens der OPEC-Länder dar, auf welchen diese aus nachvollziehbaren Gründen sicher nicht mehr verzichten wollen, nachdem sie sich innerhalb kurzer Zeit vom armen und unterentwickelten Nomadenstaat zum prosperierenden Erdölstaat entwickeln konnten. Ein sofortiger Ausstieg aus der fossilen Energiewirtschaft würde das Aus des Wohlstandes am Persischen Golfs bedeuten und gleichzeitig ganze Volkswirtschaften in den Ruin treiben.

Dabei darf jedoch nicht der mächtige Einfluss auf die Weltwirtschaft übersehen werden, der von dieser Staatengruppe ausgeht. An dieser Stelle sei nur am Rande an die von den OPEC-Ländern induzierte Ölkrise 1973/1974 erinnert. Die bremsende Wirkung von Seiten der OPEC-Vertreter auf der internationalen Bühne ist letztendlich als Rettungsversuch der eigenen nationalen Wirtschaftsinteressen zu deuten.

Ähnlich sieht es mit den *JUSCANZ-Staaten* aus. Zu diesen gehören Japan, die Vereinigten Staaten von Amerika, Kanada, Australien und Neuseeland. Australien, das sich zuerst ein nationales Reduktionsziel von CO_2 setzte hat sich später auch zu den regressiveren Staaten gesellt, da die australische Wirtschaft massive Verluste im Kohleexport sah. Federführend in dieser Staatengruppierung ist jedoch die USA, die als der weltweit größte Emittent von energiebedingtem Kohlendioxidausstoß einzustufen ist. Am Beispiel USA wird jedoch die enge Verzahnung der Konkurrenten Wirtschaft und Ökologie am deutlichsten. Unter den US-Präsidenten Reagan und Bush hatte die Umweltpolitik eine kaum gewichtige Bedeutung. Im Gegenteil, sie galt als "job killer" (*Loske*, 1996: 266) "wirtschaftsschädigend und wohlstandsgefährdend" (*Loske*, 1996: 265). Da die USA 1991 und 1992 sich in einer wirtschaftlichen Rezessionsphase befand, ihre Position als Wirtschaftsmacht Nr.1 in Gefahr sah und die Frage nach der Sicherung von Arbeitsplätzen und der internationalen ökonomischen Wettbewerbsfähigkeit im Vordergrund standen, ist die Ablehnung einer Emissionsbeschränkung und – rückführung so zu erklären. Der «American way of life» würde in Gefahr geraten. "Die Amerikaner wollen ihr Auto und billiges Benzin; und das können wir dem Bürger nicht verweigern." (*Loske*, 1996: 265, zitiert nach NZZ, 1991). Außerdem scheint die Tatsache der Dollarabwertung 1991/1992 und der damit verbundenen Untergrabung des Europäischen Währungssystems EWS und der durch diese Maßnahme wieder in Schwung geratenen US-Wirtschaft durchaus erwähnenswert.

Russland, der weltweit zweitgrößten Verursacher von Kohlendioxidemissionen, hat durch den wirtschaftlichen Zusammenbruch der Sowjetunion und des RgW das Ziel der KRK bereits deutlich übererfüllt. Allerdings gehört es auch aufgrund der starken Exportorientierung im fossilen Energiebereich einerseits, der Gesinnung, sich bei Wachstumszielen als (ehemalige) Großmacht keinen internationalen Vorschriften zu beugen und andererseits aufgrund eines schwach ausgeprägten klimapolitischen Bewusstseins in Bevölkerung wie Parlament, der Duma, und letztendlich der dringenden Notwendigkeit, sich anderen noch wichtigeren Umweltproblemen zu widmen, zu den bremsenden Staaten und hat eine Einstufung in die Annex-I-Staaten mit Übergangscharakter erwirkt.

"Die energiebedingten Emissionen der *Entwicklungsländer* befinden sich derzeit in einem dramatischen Wachstumsprozeß. Es wird damit gerechnet, daß ihr Anteil an den Gesamtemissionen von CO_2 innerhalb der nächsten dreißig Jahre auf etwa die Hälfte anwachsen wird. Das ist nicht zuletzt darauf zurückzuführen, daß Länder wie China und Indien ihre geplante Industrialisierung im wesentlichen auf der Grundlage einer kohlebasierten Energieversorgung betreiben wollen." (*Loske*, 1996: 258-259). Andererseits dürfen der großflächig betriebene Brandrodungsfeldbau tropischer Länder und das ungebremste Bevölkerungswachstum verbunden mit dem Wunsch nach mehr Wohlstand nach dem Vorbild westlicher Zivilisationen in der Dritten Welt als Ursache für ein anwachsendes Treibhausgaspotential nicht unerwähnt bleiben.

Die USA und die Bundesrepublik Deutschland treten zunehmend, insbesondere vor und seit Berlin 1995 dafür ein, dass auch die Schwellenländer in die klimapolitische Verantwortung eingebunden werden, da gerade bei diesen Ländern (v.a. Mexiko, Brasilien, China oder die «Tigerstaaten SE-Asiens») der größte Anstieg an CO_2-Emissionen in den nächsten Jahren zu erwarten ist. Die Gruppe der unterentwickelten Länder scheint auf den ersten Blick eine relativ homogene Interessenslage aufzuweisen. Es bleibt aber festzuhalten, dass die «Gruppe der 77» längst keine einheitlich vertretene Position haben, da sie von möglichen Klimaänderungen in sehr unterschiedlicher Dimension betroffen sind. Jedoch treten insbesondere die OPEC-Staaten, deren Ansprüche oben bereits thematisiert wurden, und die AOSIS-Länder, der Allianz der kleinen Inselstaaten (Alliance of Small Island States) hervor. Letztere Gruppierung hatte trotz ihrer geringen politischen Bedeutung - "sie stellen weniger als ein Prozent der Weltbevölkerung und des Weltsozialprodukts" (*Loske*, 1996: 262) - nicht unerheblichen Einfluss auf das Berliner Mandat. Denn diese Inselstaaten des Pazifiks und der Karibik sind von einem Anstieg des Weltmeeresspiegels, der im Zusammenhang zwischen den gestiegenen Treibhausgasemissionen und der globalen Erderwärmung steht, massiv in ihrer Existenz betroffen. Somit gehören sie neben der EU zu den progressiven Staaten, welche in der internationalen Klimapolitik, allen voran die Bundesrepublik Deutschland, die Vorreiterrolle inne hat.

Bisher war nur vom Kohlendioxidausstoß die Rede. Wie aber die Kurzbeschreibung der einzelnen Treibhausgase im Anhang zeigt, ist auch Methan erheblich am antropogenen Treibhauseffekt beteiligt. Staaten, die großflächig, also extensiv, wie intensiv Viehzucht in ihrer Agrarwirtschaft betreiben – an dieser Stellen müssen die Vereinigten Staaten von Amerika (Rinderzucht in Texas) oder Australien (Schafzucht im Outback) als Vertreter der JUSCANZ-Gruppe bzw. Brasilien und Argentinien als Vertreter der Entwicklungsländer - und nicht zu vergessen Staaten, die großflächig Reis anbauen – insbesondere die Staaten in Südostasien genannt werden – setzten besonders viel CH_4 in die Atmosphäre frei. Auch hier liegt die Schlussfolgerung nahe, dass Repräsentanten dieser Länder die nationale Wirtschaft – so z.B. die us-amerikanischen Farmer, gestärkt durch ihre Lobby in der Politik – in Gefahr sehen, wenn sie von heute auf morgen ihre Agrarstrukturen verändern müssen. Die Kulturpflanze Reis gehört in Südostasien zu den Grundnahrungsmitteln; eine radikale CH_4-Emissions-minderung stellt die Regierungen in Südostasien wie in China vor ein erhebliches Problem: die Sicherung der Nahrung von Millionen von Menschen. Eine Umstellung auf Getreideanbau oder andere Alternativen ist vielfach aus klimatischen wie ertragstechnischen Gründen – Reis kann bis zu dreimal jährlich geerntet werden – kurzfristig wie langfristig kaum möglich. Andererseits stellt die «McDonalds-Kultur» der Industriegesellschaften ein großes Nachfragepotential nach Rind- und Schweinefleisch dar.

Zusammenfassung und Schlussbemerkung

Da ökologische Veränderungen auch eine Reihe sozialer Auswirkungen impliziert, wird Klimapolitik automatisch zu einer (nationalen) Wirtschafts- und Sozialpolitik. Erst wenn es gelingt, Umweltpolitik im eigenen Land erfolgreich und sozial verträglich zu gestalten, d.h. neben der Sicherung von Arbeitsplätzen und einer Fülle von klimaökologischen Reformen (z.B. Energiesteuer) ein weitsichtiges Umdenken in allen Gesellschaftsschichten weg von der Konsumorientierung hin zu dem Motto «Global denken, lokal handeln» zu erreichen, also ein Modell, das sich auf andere Länder übertragen lässt, und erst wenn Alternativen für bisherige Wirtschaftsformen gefunden sind, wird sich die internationale Staatengemeinschaft schneller auf Formen der nachhaltigen Entwicklung einigen können. Solange zentrale Fragen eines ökologischen Wandels im Denken und Handeln der Industriegesellschaften auf allen Ebenen, angefangen vom kleinen Bürger bis zum großen Politiker nicht gelöst sind und solange wirtschaftliche Interessen im Vordergrund stehen, ist es nicht verwunderlich, dass Uneinigkeit zwischen den verschiedensten Vertragsparteien besteht. Schließlich versucht jeder Regierungsvertreter nur für sein Land das beste zu erreichen. In dieser Phase kann es aber für die progressiven Industriestaaten nur von Vorteil sein, ihre hochgesteckten Ziele zu erreichen, neue zukunftsweisende innovative Technologien zu entwickeln und vorzustellen und somit wegweisende Vorbildfunktion zu übernehmen. Denn im ökologischen Wandel der Gesellschaften ist die einzige Chance für die Zukunft des Planeten Erde zu sehen. Von daher gehen – auch wenn sich nur langsam Fortschritte zeigen – von Weltklimakonferenzen wesentliche Impulse für die Weitergestaltung und Umsetzung der Klimakonvention aus. So lange die Ökologiefrage die nationale Ökonomie nicht oder nur kaum tangiert, scheint sie niemand abzulehnen. Dies kann aber eintreten, wenn für die Wirtschaft eines Land erhebliche finanzielle Nachteile oder Wettbewerbsbenachteiligungen zu erwarten sind.

Rückblickend auf die vergangenen 15 Jahre muss festgehalten werden, dass in Sachen Klimapolitik bereits viele gute Ideen geboren wurden und schon mancher Schritt gemacht wurde, sich aber noch weit vieles mehr tun muss, um der nachfolgenden Generation auch noch ein lebenswertes Leben auf der Erde möglich zu machen. Das Beispiel FCKW hat bereits erfolgreich gezeigt, dass bei Einigkeit rasches und erfolgreiches Handeln erreichbar ist. Allerdings ist globale Klimaschutzpolitik eine Sache von größerer zeitlicher und räumlicher Dimension, was wiederum einen längerfristigen Anlauf erklärt. Damit zeigt sich abschließend die Antwort auf die im Raum stehende Frage, welche *Auswirkungen* Klimakonventionen auf globale Klimaprobleme haben. Durch eine verbindlich geltende Konvention

- kam die internationale Staatengemeinschaft zur *Erkenntnis*, dass dringender Handlungsbedarf für weltweit effektive Schutzmaßnahmen für die durch antropogene Tätigkeiten bedrohte Erdatmosphäre besteht.
- müssen Staaten *nationale* Maßnahmen und Politiken ergreifen, die wiederum lokale Konsequenzen mit sich bringen:
  - Die Einführung neuer Verordnungen und Gesetze können Einfluss auf Industrie, Energieversorgungsunternehmen wie Kleinverbraucher ausüben. So versuchte die Preußen Elektra den Wirkungsgrad ihrer thermischen Kraftwerke von 43 % auf 47 % (1999, Auskunft auf telefonische Anfrage) zu steigern. Diese Anstrengung beruht auf einer freiwilligen Empfehlung durch die Bundesregierung.
  - Die Einführung spezieller Steuern, z.B. Energiesteuern, um zusätzliche Gelder für weitere Klimaschutzmaßnahmen zu erzielen. Bei diesen Oktroyierungsmaßnahmen muss im Zuge der Globalisierung allerdings die Gefahr der massiven Standortbenachteiligung eines Landes genannt werden, wenn solche Steuern nur lokal und nicht überall gelten.
- entsteht eine Konkurrenz- und Wettbewerbssituation bezüglich Forschung nach neuen Technologien aufgrund der Berichterstattungspflicht. So wäre beispielsweise die Einführung eines Drei-Liter-PKWs (Volkswagen, Modell Lupo 3L, Baureihe 2001) schneller möglich.
- können zahlreiche neue im Sektor Umwelt- und Klimaschutz, und -forschung Arbeitsplätze geschaffen werden.
- sind aber auch einige negative Auswirkungen denkbar: die individuelle Mobilität wäre - nach einem sozialen Gradientengefälle - eingeschränkt, wenn sich

die Benzinpreise im Rahmen einer Energiesteuer auf z.B. 2,50 € ,- pro Liter verteuern würden (vgl. versch. Stufen der Ökosteuer). Die Auswirkungen von Energiesteuern oder Ausgleichszahlungen wurden oben bereits kurz angeschnitten.

Auch wenn sich die Verhandlungen in der internationalen Klimapolitik als bisher noch eher zäh erwiesen, so ist die Tatsache, dass der Prozess aber überhaupt weitergeht, als zumindest als ein kleiner Erfolg zu bewerten. Die Kernaussagen der KRK sind als positiv hinsichtlich einer nachhaltigen Entwicklung zu betrachten, in der Folgezeit muss aber noch an deren optimalen Umsetzung gearbeitet werden. Besonders auf der nächsten Vertragsstaatenkonferenz in Buenos Aires müssen die Ergebnisse von Kyoto noch entscheidend ergänzt und verbessert werden, sonst bleibt nicht mehr viel Zeit, dass sich der «Blaue Planet von seinem Fieberzustand erholt».

Verzeichnis über benutzte, zitierte und weiterführende Literatur

a) Benutzte und zitierte Monographien und Artikel / Fachzeitschriften:

Arbeitskreis Gymnasium und Wirtschaft e.V. / Staatsinstitut für Schulpädagogik und Bildungsforschung (1994): Schutz der Erdatmosphäre. Handreichungen zum fächerübergreifenden Unterricht im Gymnasium. München.

Bals, Christoph und Manfred Treber: Klimagipfel in Kyoto. Klima-Marathon bewegt sich viel zu langsam. In: Entwicklung und Zusammenarbeit, 39. Jg., Heft 2, 1998, S.53-54.

Brauch, Hans Günther, Hrsg. (1996): Klimapolitik. Naturwissenschaftliche Grundlagen, internationale Regimebildung und Konflikte, ökonomische Analysen sowie nationale Problemerkennung und Politikumsetzung. Mit einem Geleitwort von Ernst Ulrich von Weizsäcker. Mit 30 Abbildungen und 26 Tabellen. Berlin, Heidelberg, New York.

Bundesministerium für Umwelt, Naturschutz und Reaktorsicherheit (1997): Umweltpolitik. Beschluß der Bundesregierung zum Klimaschutzprogramm der Bundesrepublik Deutschland auf der Basis des Vierten Berichts der Interministeriellen Arbeitsgruppe «CO_2-Reduktion» (IMA CO_2-Reduktion), Bonn.
[Im Text sind Zitate hieraus mit *BMU 1997a* gekennzeichnet.]

Bundesministerium für Umwelt, Naturschutz und Reaktorsicherheit (1997):

Umweltpolitik: Klimaschutz in Deutschland. Zweiter Bericht der Regierung der Bundesrepublik Deutschland nach dem Rahmenübereinkommen der Vereinten Nationen über Klimaänderungen, Bonn.
[Im Text sind Zitate hieraus mit *BMU 1997b* gekennzeichnet.]

Bundesministerium für Umwelt, Naturschutz und Reaktorsicherheit (1992): Umweltpolitik: Konferenz der Vereinten Nationen für Umwelt und Entwicklung im Juni 1992 in Rio de Janeiro - Dokumente - . Klimakonvention, Konvention über die Biologische Vielfalt, Rio-Deklaration, Walderklärung, Bonn.
[Im Text sind Zitate hieraus mit *BMU 1992* gekennzeichnet.]

Deutscher Bundestag / Enquete-Kommission Schutz der Erdatmosphäre (1994): Klimaänderung gefährdet globale Entwicklung. Zukunft sichern - Jetzt handeln. Erster Bericht der Enquete-Kommission "Schutz der Erdatmosphäre" des 12. Deutschen Bundestages. Bonn - Karlsruhe.

Entwicklung und Zusammenarbeit, 33. Jg., Heft 7, 1992, S. 6.
[Im Text sind Zitate aus dieser Fachzeitschrift mit *E+Z* gekennzeichnet.]

Entwicklung und Zusammenarbeit, 36. Jg., Heft 2, 1995, S. 5.

Hennicke, Peter und Michael Müller (1989): Die Klimakatastrophe. Mit einem Vorwort von Willy Brandt. Zweite, vollständig überarbeitete und erweiterte Auflage. Bonn.

Loske, Reinhard (1996): Klimapolitik. Im Spannungsfeld von Kurzzeitinteressen und Langzeiterfordernissen, Marburg.

Müller-Kraenner, Sascha und Christiane Knospe (1996): Klimapolitik. Handlungsstrategien zum Schutz der Erdatmosphäre. Basel, Boston, Berlin.

Oberthür, Sebastian: Die internationale Zusammenarbeit zum Schutz des Weltklimas. In: ***Aus Politik und Zeitgeschichte***, Beilage zur Wochenzeitung Das Parlament, B16/1992 (Anm. 18).

Protokoll von Kyoto zum Rahmenübereinkommen der Vereinten Nationen über Klimaänderungen. Kyoto 11. Dezember 1997

Simonis, Udo Ernst: Schritte zu einer globalen Klimakonvention. In: Entwicklung und Zusammenarbeit, 33. Jg., Heft 5, 1992, S. 8-12.

Simonis, Udo Ernst: Signale aus Kyoto. Kommentar. In: Entwicklung und Zusammenarbeit, 39. Jg., Heft 1, S. 7.

Umwelt. Eine Information des Bundesumweltministeriums. Nr. 1/1998, S. 20-25, Bonn.

Unmüßig, Barbara: Klimagipfel: Der Prozeß ist eine Schnecke. In: Entwicklung und Zusammenarbeit, 36. Jg., Heft 5/6, 1995, S.150.

Internet: http://www.greenpeace.de

b) Weiterführende Literatur

Bundesministerium für Umwelt, Naturschutz und Reaktorsicherheit (1997): Das Klimaprotokoll von Kyoto - Die wichtigsten Bestimmungen -, Bonn.

Bundesministerium für Umwelt, Naturschutz und Reaktorsicherheit (1997): Umweltpolitik. 10 Jahre Montrealer Protokoll.

Flohn, Hermann (1994): Großräumige aktuelle Klimaänderungen: Antropogene Eingriffe und ihre Rückwirkungen im Klimasystem. Arbeitspapier Nr. 31 des Schwepunktes Finanzwissenschaft / Betriebswirtschaftliche Steuerlehre, Universität Trier.

Flohn, Hermann und Hans Dieter Ehhalt (1990): Treibhauseffekt der Atmosphäre: Neue Fakten und Perspektiven. Die Chemie des Ozonlochs. In: Rheinisch-Westfählische Akademie der Wissenschaften. Vorträge N 379. Düsseldorf.

Gordon, John und Tom Bigg (1994): Nach dem Erdgipfel von Rio de Janeiro - eine Zwischenbilanz. Britisch-deutsche Notizen zur Umsetzung. Herausgeber der deutschen Ausgabe: Raimund Bleischwitz. Aus dem Englischen von Christopher Hay. Berlin - Basel - Boston.

Graßl, Hartmut und Reiner Klingholz (1990): Wir Klimamacher. Auswege aus dem globalen Treibhaus. Dritte Auflage. Frankfurt am Main

Loske, Reinhart / BUND und MISEREOR (1997): Zukunftsfähiges Deutschland. Ein Beitrag zu einer global nachhaltigen Entwicklung. Studie des Wuppertal Instituts für Klima - Umwelt - Energie GmbH. Basel - Boston - Berlin.

Messner, Dirk und Franz Nuscheler (1996): Weltkonferenzen und Weltberichte. Ein Wegweiser durch die internationale Diskussion. Hrsg. vom Institut für Entwicklung und Frieden (INEF), Bonn.

Stiftung Entwicklung und Frieden (SEF) (1992): Nach dem Erdgipfel. Global verantwortliches Handeln für das 21. Jahrhundert. Kommentare und Dokumente. Bonn - Bad Godesberg.

ANHANG

Anhang A: Kurzbeschreibung der wichtigsten klimawirksamen Treibhausgase

a) Kohlendioxid (CO_2)

Das Treibhausgas Kohlendioxid nimmt mit 61% Volumenanteil den größten Einfluss auf den antropogen bedingten Treibhauseffekt, während dem natürlichen Treibhauseffekt dem Wasserstoff diese Rolle zuteil wird. Im Vergleich zur vorindustriellen Zeit hat sich im Laufe der Industrialisierung bis in die Gegenwart, v.a. durch den Einsatz fossiler Energieträger die globale Emissionsmenge auf 22,3 Mrd. Tonnen im Jahr 1992 (*Loske*, 1996: 42) um ein 60faches erhöht. Die Rodungen tropischer Regenwälder in Südamerika und des borealen Nadelwaldes in Kanada bzw. den GUS-Staaten verursachen etwa 20% des weltweiten CO_2-Ausstoßes, während 75% auf die Verfeuerung von Kohle, Erdöl und Erdgas - Straßen- und Luftverkehr eingeschlossen - zurückzuführen sind (vgl. *Brauch*, 1996: 17).

b) Vollhalogenierte Fluorchlorkohlenwasserstoffe (FKW / PFC / HFC / H-FKW)

Fluorchlorkohlenwasserstoffe (FCKW) sind synthetische Substanzen, welche 1928 entdeckt wurden und als Derivate von Methan und Ethan neben Kohlenstoff- auch Wasserstoff-, Brom-, Chlor- oder Flouratome enthalten. Diese FCKWs, die auch als «Ozonkiller» bezeichnet werden, da sie für den Abbau des stratosphärischen Ozons verantwortlich sind, werden in der chemischen Industrie insbesondere als Kühl- oder Aufschäummittel. Lösungs- oder Reinigungsmittel eingesetzt, weil diese leichtflüchtigen geruchslosen Substanzen mit anderen Stoffen kaum reagieren, nicht toxisch und nicht brennbar sind, sowie eine niedrige Wärmeleitfähigkeit haben, eine profitable Verwertung von Chlorüberschüssen der chemische Industrie möglich machen. "Der Beitrag der beiden wichtigsten Stoffe aus dieser Klasse - FCKW 11 und FCKW 12 - zum zusätzlichen Treibhauseffekt wird für die achziger Jahre mit 17% angegeben, der Anteil aller FCKW und Halone mit 24%."

(*Loske*, 1996: 44) Besonders zu unterstreichen ist aber die Tatsache, dass diese Treibhausgasgruppe innerhalb der antropogenen Emissionen als einzige einen rückläufigen Trend aufweist. Dieser positive Aspekt wird aber von der extrem langen Verweildauer dieser vollhalogenierten Verbindungen, die sich in der Stratosphäre faktisch nicht abbauen, sondern sich allmählich anreichern, wieder zunichte gemacht. Verschiedene Modellrechnungen belegen, dass aufgrund der zeitversetzten Wirksamkeit der FCKW selbst bei einem sofortigen weltweiten Emissionsstop die Ausdünnung der lebensnotwendigen stratosphärischen Ozonschicht noch etwa 10 bis 15 Jahre zunehmen wird und der Chlorgehalt dann über einen langen Zeitraum hin konstant hoch bleiben wird.

c) Methan (CH_4)

Bei Methan handelt es sich um sowohl ein direkt wie indirekt wirksames klimarelevantes Spurengas. "Wie beim CO_2 tritt auch beim CH_4 ein ausgeprägter Jahresgang in der Troposphäre auf, mit einem Maximum im Frühjahr und einem Minimum im Herbst. Dieser Jahresgang wird sowohl durch die zeitlichen Variationen der CH_4-Quellstärken als auch durch die zeitlich variierende Senkenstärke, d.h. durch die saisonalen Schwankungen der OH-Radialkonzentrationen in der Troposphäre bestimmt." (*Deutscher Bundestag, Enquete-Kommission*, 1994: 40). Als Hauptemissionsquellen für Methan sind die Landwirtschaft, die Abfallwirtschaft sowie die Gewinnung und Verteilung von Brennstoffen, insbesondere Gasverteilungsnetze und Steinkohlebergbau, zu nennen. Es handelt sich hierbei um ein sog. Faulgas, das unter anaeroben Bedingungen entsteht und freigesetzt wird. Als Methanminderungspotentiale können unter anderem eine verstärkte Nutzung des im Steinkohlebergbau anfallenden Grubengases, eine Senkung der Abfalldeponiegasemissionen, eine Sanierung und Erneuerung der Rohrnetze zur Erdgasverteilung und eine effektivere Nutzung des bei der Tierhaltung anfallenden Biogases.

d) Distickstoffoxid (N_2O)

Im wesentlichen entstammen die Distickstoffoxid-Emissionen aus Prozessen und Effekten der Bodenbearbeitung und agrarischen Düngung, der Verbrennung von Biomasse, der Umwandlung tropischer Regenwälder in Acker- und Weideland sowie industrieller Produktion, insbesondere der "Adipin- und Salpetersäureherstellung" (*BMU* 1997b: 60), der Agrarwirtschaft (Düngung und Tierhaltung) sowie der Verfeuerung fossiler Energieträger. Für N_2O bestehen, außer einer in der Landwirtschaft möglichen verminderten Stickstoffzufuhr in den Boden, kaum nennenswerte Senken. Bei N_2O handelt es sich um ein sehr langlebiges Treibhausgas.

e) Schwefelhexafluorid (SF_6)

Schwefelhexaflourid wird bei der Herstellung von Autoreifen, Schallschutzfenstern, Betriebsmitteln der elektrischen Energieversorgung sowie bei der Halbleiterherstellung freigesetzt. Ebenso wie beim CO_2 ist eine Emissionsminderung des SF_6 hier hauptsächlich nur über einen Einsatz von weiteren und technologisch verbesserten Katalysatoren im industriellen Sektor möglich.

f) Kohlenmonoxid (CO) und Stickoxide (NO_x ohne N_2O)

Das CO zeigt ebenso wie das CO_2 "im Frühjahr maximale und im Frühherbst minimale Werte. [...] Das CO wird von einer Vielzahl unterschiedlicher Quellen an der Erdoberfläche gebildet und in die Troposphäre emittiert. Zusätzlich entsteht CO auch bei der photochemischen Oxidation von Methan und VOC" (*Deutscher Bundestag, Enquete-Kommission*, 1994: 49-50).

Hauptverursacher dieser Emissionen sind der Kraftfahrzeugverkehr, Haushalte und Kleinverbraucher, sowie Heizkraftwerke. Diese Bereiche obliegen noch guten Minderungspotentiale, da hier Individualpersonen gleichermaßen wie die Industrie Emittenten sind: Einzelne Personen sind gefragt, ihren Energieverbrauch zu drosseln, die Industrie z.B. durch Steuern und Verordnungen zu Innovationen angesprochen.

g) Ozon

Bei dem klimarelevanten Spurengas O_3 handelt es sich um einen Spezialfall. Einerseits ist Ozon eine sehr reaktive Verbindung und deshalb relativ kurzlebig. Andererseits stellt es eine wichtige Vorläufer-Verbindung der OH-Radikale, welche bei vielen photochemischen Prozessen und damit für die chemische Zusammensetzuzng der in Kapitel 1 beschriebenen Troposphäre von gewichtiger Bedeutung sind.

O_3 gehört zu den wenigen Gasen, welche keine direkten Quellen an der Erdoberfläche besitzen und deshalb ausschließlich durch chemische Reaktionen in der Atmosphäre gebildet werden.

Da die Wirkung des Spurengases Ozon sehr komplex und differenziert darzustellen ist wird an dieser Stelle - da dies vom Thema zu weit wegführt - darauf verzichtet und auf die einschlägige Literatur verwiesen. Unter anderem seien die Seiten 43 bis 48 in Deutscher Bundestag, Enquete-Kommission 1997 "Klimaänderung gefährdet globale Entwicklung" genannt.

Weitere Graphiken oder Materialien können beim Verfasser per E-Mail schriftlich angefordert werden !

Der Verfasser

Anhang B: Zusammenstellung der wichtigsten Treibhausgase und ihre spezifischen Eigenschaften

Spurengas	vorindustrielle Konzentration	derzeitige Konzentration	Beitrag zum natürlichen Treibhauseffekt	Beitrag zum antropogen verstärkten THE	Klimawirksamkeit pro Molekül	Emissionsquellen	mittlere Verweildauer in Jahren	gegenwärtiger Anstieg p.A.
CO_2	280 ppm	360 ppm	22 %	61 %	1	fossile Energien, Waldrodungen	50 - 200	0,4 %
CH_4	0,7 ppm	1,7 ppm	2,5 %	15 %	32	Viehhaltung, Reisanbau, fossile Energie	12 - 17	0,8 %
FCKW-11	0	0,25 ppb	0	11 %	15000	Sprühdosen, Kühltechnik	55	?
FCKW-12	0	0,45 ppb	0	11 %	15000		115	4 %
N_2O	0,28 ppm	0,31 ppm	4 %	4 %	150	Bodenbearbeitung, Düngung	113	0,25 %
O_3	0,05-0,5 ppm	0,3-0,5 ppm	7 %	9 %	2000	Verkehr	30-90 Tage	0,5 %
H_2O	?	26000 * ppm	62 %	?	?		10 Tg. (Trop.), 2 J. (Strat.)	?
weitere	?	?	2,5 %	?	?		?	?

* bodennaher Normalmittelwert

Tabelle 3

(eigene Zusammenstellung: zitiert und ergänzend verändert nach *Brauch*, 1996: S.17-19 und *Loske*, 1996: S.45 und *Deutscher Bundestag / Enquete-Kommission*, 1997: 37)